恐龙的星球 [探秘]

豪华3D图鉴

白垩纪 ②

李媛 徐雯茜/主编

中国出版集团
现代出版社

图书在版编目（CIP）数据

恐龙的星球探秘. 白垩纪. 2 / 李媛, 徐雯茜主编. -- 北京：现代出版社，2014.4
ISBN 978-7-5143-2268-2

Ⅰ.①恐… Ⅱ.①李… ②徐… Ⅲ.①恐龙—少儿读物 Ⅳ.①Q915.864-49

中国版本图书馆CIP数据核字(2014)第039199号

恐龙的星球[探秘] 豪华3D图鉴

白垩纪②

主　　编：	李　媛　徐雯茜
责任编辑：	袁　涛
出版发行：	现代出版社
地　　址：	北京市安定门外安华里 504 号
邮政编码：	100011
电　　话：	010-64267325　010-64245264(兼传真)
网　　址：	www.1980xd.com
电子邮箱：	disanshiyebu@sina.cn
印　　刷：	保定华升印刷有限公司
开　　本：	889mmX1194mm　1/16
印　　张：	3
版　　次：	2014年4月第1版　2014年10月第2次印刷
书　　号：	ISBN 978-7-5143-2268-2
定　　价：	16.80元

版权所有，翻印必究；未经许可，不得转载

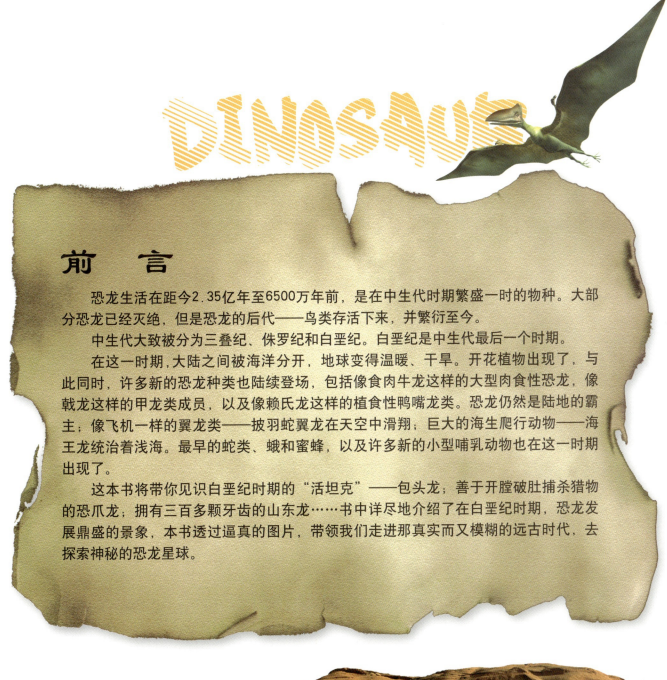

前言

恐龙生活在距今2.35亿年至6500万年前，是在中生代时期繁盛一时的物种。大部分恐龙已经灭绝，但是恐龙的后代——鸟类存活下来，并繁衍至今。

中生代大致被分为三叠纪、侏罗纪和白垩纪。白垩纪是中生代最后一个时期。

在这一时期，大陆之间被海洋分开，地球变得温暖、干旱。开花植物出现了，与此同时，许多新的恐龙种类也陆续登场，包括像食肉牛龙这样的大型肉食性恐龙，像戟龙这样的甲龙类成员，以及像赖氏龙这样的植食性鸭嘴龙类。恐龙仍然是陆地的霸主；像飞机一样的翼龙类——披羽蛇翼龙在天空中滑翔；巨大的海生爬行动物——海王龙统治着浅海。最早的蛇类、蛾和蜜蜂，以及许多新的小型哺乳动物也在这一时期出现了。

这本书将带你见识白垩纪时期的"活坦克"——包头龙；善于开膛破肚捕杀猎物的恐爪龙；拥有三百多颗牙齿的山东龙……书中详尽地介绍了在白垩纪时期，恐龙发展鼎盛的景象，本书透过逼真的图片，带领我们走进那真实而又模糊的远古时代，去探索神秘的恐龙星球。

目 录

豪华3D图鉴 恐龙的星球 [探秘]

- 半鸟龙 06
- 准噶尔翼龙 08
- 食肉牛龙 10
- 场　景（一）...... 12
- 乌尔禾龙 14
- 山东龙 16
- 包头龙 18
- 剑角龙 20
- 场　景（二）...... 22
- 巨霸龙 24
- 恐手龙 26

利琳龙 ……… 28	西母霸龙 ……… 40
恐爪龙 ……… 30	场　景（四）……… 42
场　景（三）……… 32	啮齿龙 ……… 44
明米龙 ……… 34	隙　龙 ……… 46
神眼龙 ……… 36	恐龙分类图表 ……… 48
水牛角龙 ……… 38	

半鸟龙

半鸟龙生活在约9000万年前。当时,气候相当暖和,海平面变化很大,高纬度地区降雪增加,而热带地区更为潮湿。半鸟龙属于兽脚类恐龙,它们的前肢短小,很像鸟的翅膀,它们虽然不能够飞翔,但可以快速奔跑。

恐龙知识档案

分类：兽脚类　　食性：肉食性

生活期间：白垩纪晚期

生活区域：南美洲

身长：2～3米

准噶尔翼龙

准噶尔翼龙生活在约1亿年前,属于飞龙类。它们生活于湖畔,以鱼类为食,身体结构适于飞行,骨胳中空,头骨上的很多骨片已愈合,眼发达,口内牙齿数目少,颌前部无牙,两翼展开时长达2米多,尾短小。准噶尔翼龙的化石发现于我国新疆乌尔禾地区,并因此得名。

恐龙知识档案

分类：飞龙类　　食性：肉食性

生活期间：白垩纪早期

生活区域：亚洲中国新疆地区

身长：约2米

食肉牛龙

食肉牛龙生活在约1.455亿年至6550万年前。被人们称作"吃肉的牛"的食肉牛龙的面孔还真的有些像黄牛呢。这种恐龙比较奇特的是在眼睛的上方长有角，而且在它全身还长有如同棘刺一样的脊椎骨突起。虽然人们还搞不清楚食肉牛龙眼睛上方的角有什么用处，但是古生物学家们推断可能是用来遮挡炽热的阳光，以保护眼睛，或者就是一种用来恐吓对手的装饰。虽然食肉牛龙是一种肉食恐龙，但它无法捕食大型的猎物，因为它的下巴实在太脆弱，无法承受过大的力量，因此有人推断食肉牛龙也可能食用腐肉。

恐龙知识档案

分类：蜥臀目兽脚类	食性：肉食性
生活期间：白垩纪早期	
生活区域：南美洲阿根廷	

体重：约1500千克
身长：约9米

乌尔禾龙

乌尔禾龙生活在约1亿年前。人们只发现过很少的这种恐龙的骨头，因此对它的再认识在一定程度上还是猜测的结果。乌尔禾龙的身体较其他剑龙科低，科学家认为，这是因为乌尔禾龙以低层植被为食的适应结果。不过，它也像所有的剑龙一样，似乎沿着背部长着一系列的甲片，在尾部还长着锋利的尖刺，用来自我防御。乌尔禾龙是草食性恐龙，四肢着地，喜欢到处寻找食物。

恐龙知识档案

分类：鸟臀目剑龙亚目	食性：草食性
生活期间：白垩纪早期	
生活区域：亚洲中国新疆地区	
体重：约3000千克 身长：约6米	

山东龙

　　山东龙的嘴巴有些像鸭子的嘴，它长长的尾巴十分厚重结实，它是鸭嘴龙当中体形最为巨大的一种。山东龙通常都是群居在一起，共同抵御肉食性恐龙的袭击。它们的头部和嘴巴都很大，口中的牙齿很多，这些牙齿被划分为63个区域，每个区域大概有6颗牙齿，这样就可以把食物咀嚼得更加精细，便于消化。山东龙的后脚趾十分舒展，由此可以推断它可以靠后腿站立进行取食，后脚趾上附有马蹄状的趾甲。它的尾巴约占身长的一半左右，在它四肢着地爬行时可以减少摇晃，防止身体失去平衡。

恐龙知识档案

| 分类：鸟臀目鸭嘴龙科 | 食性：草食性 |

生活期间：白垩纪晚期

生活区域：中国

体重：16000千克
身长：13~16米

 包头龙

　　身体巨大的包头龙从头到尾都被厚厚的、坚硬的骨板包裹着，在它的头上还突出地长有四支角，身体的前端和背部也分布着明显的骨质钉状物。因为包头龙没有门齿，所以它在进食时必须用嘴切断食物。包头龙的四肢短粗，强壮的四肢毫不费力地支撑着庞大的身体，加上外面披着的厚厚"铠甲"，从远处看简直就是一辆活的坦克车。如果有肉食恐龙胆敢来犯，包头龙就会挥动起带有重重骨质棒状物的长尾巴，而且这种棒状物上还带有长长的骨刺，肉食恐龙们可能都惧怕这"致命一击"，纷纷逃之夭夭。

恐龙知识档案

分类：鸟臀目甲龙类　　食性：草食性

生活期间：白垩纪晚期

生活区域：北美洲美国、加拿大

体重：约3000千克
身长：6～7米

剑角龙

剑角龙可是一种会功夫的恐龙呢！什么功夫？"铁头功"嘛。它圆形的头盖骨向上突起，又硬又厚。每当有肉食恐龙前来骚扰，或者在交配季节，雄性剑角龙之间为了争夺配偶而展开搏斗时，剑角龙便会用它的"铁头"来抵御入侵之敌或者了结恩怨。当顶撞开始时，剑角龙会把头低下，将尾巴抬起，使头部、脊背和尾巴呈一条直线，这样有助于缓冲因剧烈的顶撞带来的冲击力。一般来说，雄性剑角龙的头部比雌性稍大，同时随着年龄的增长，它的头部也会逐渐长大。因为头部重量的原因，剑角龙需用尾巴来保持身体的平衡。

恐龙知识档案

分类：鸟臀目肿头龙类　　食性：草食性

生活期间：白垩纪晚期

生活区域：北美洲

体重：40~80千克
身长：2~3米

巨霸龙

巨霸龙生活在约1亿年至9500万年前,又称"南方巨兽龙"。它是所有已发现的肉食性恐龙化石有证据支持的"体长"第二,也是有证据支持的"体重"第三的肉食性恐龙,体重仅次于雷克斯霸王龙和埃及棘龙。第一具巨霸龙化石是在1994年由一个汽车修理工发现的。巨霸龙走路时用两条腿。它硕大的嘴巴长着一口锋利的牙齿,每颗牙有8厘米长。巨霸龙作为鲨齿龙科的成员,有条又细又尖又长的尾巴,用于在快速奔跑时保持身体的平衡。

恐龙知识档案

分类:蜥臀目兽脚类	食性:肉食性
生活期间:白垩纪中期至晚期	
生活区域:南美洲阿根廷	

体重:8000~10000千克
身长:12~14米

恐手龙

恐手龙生活在约7000万年前。唯一的恐手龙化石是一对巨大的前肢,长达2.4米,有着25厘米长的指爪、一些肋骨及脊椎。恐手龙的学名是来自古希腊文的"恐怖的手"。早期学者将恐手龙设想为肉食性动物,并用它那巨大的前肢来撕开猎物。有些学者不认同这种说法,认为这对手臂不足以支持猎杀,反而可能是防御的工具。后来人们比较了恐手龙与树懒的前肢,认为恐手龙是专门攀树的恐龙,并以树上的水果、树叶或其他小型动物的蛋为食物。故此,人们更进一步认为恐手龙的后肢较前肢短,却没有足够的证据来支持这个说法。

恐龙知识档案

| 分类：蜥臀目兽脚类恐手龙科 | 食性：未知 |

生活期间：白垩纪晚期

生活区域：亚洲蒙古

体重：约6500千克
身长：7~12米

利琳龙

利琳龙是一种中型恐龙,生活在约1.2亿年至1亿年前。它的习性与安琪龙、板龙、大椎龙等相似:主要靠后肢走路,有时也用四肢走路。利琳龙主要吃蕨类植物,站起来吃高处的叶子。它们的牙齿不发达,主要靠"胃石"来消化植物。利琳龙的脖子较长,视觉很灵敏,发现敌情会立即躲入树林。它的天敌有异特龙、角鼻龙、食肉牛龙等。利琳龙很可能是后来的禽龙、豪勇龙、鸭嘴龙的祖先。

恐龙知识档案

分类：蜥脚类　　食性：草食性

生活期间：白垩纪早期

生活区域：澳大利亚

体重：约2000千克
身长：7～8米

恐爪龙

成群的恐爪龙被人们称为"白垩纪的杀手军团",这种恐龙的残暴可见一斑。它的身体轻盈敏捷,称得上是奔跑跳跃方面的"职业选手"。这些恐爪龙常常成群结队地四处游荡,专门攻击那些体形庞大的草食性恐龙,而且在攻击猎物时它们还有一个秘密武器,那就是尖锐的牙齿和长在后脚上的钩状脚爪。当众多恐爪龙一同上阵扑到猎物身上,摇晃着脑袋用牙齿用力撕咬时,再强大的猎物也只能倒地而亡了。

恐龙知识档案

分类：蜥臀目兽脚类始祖鸟科　　食性：肉食性

生活期间：白垩纪早期

生活区域：北美洲

身长：3.4米

明米龙

明米龙生活在约1.455亿年至6550万年前。第一具明米龙化石发现于澳大利亚。像埃德蒙顿盾甲龙一样，它属于甲龙类。它的腹部有小的骨质甲板保护，尾巴上排列着作为自卫武器的骨刺。所以这类恐龙又被称为"结节龙类"。明米龙虽然属于甲龙类，可是它的尾巴末端却没有骨质尾槌。

恐龙知识档案

分类：甲龙类　　　　食性：草食性

生活期间：白垩纪早期

生活区域：澳大利亚

体重：约2000千克
身长：约3米

神眼龙

神眼龙生活在约7500万年前，属于鸟臀类恐龙。第一具神眼龙化石于1987年在澳大利亚南部被发现。它的眼睛很大，大脑中的视神经非常发达，所以它的视力非常好，故而得名"神眼龙"。神眼龙长年生活在南极附近，因此，科学家推断它能适应冬日里漫长的黑暗和寒冷。

恐龙知识档案

分类：鸟臀类	食性：草食性

生活期间：白垩纪晚期

生活区域：澳大利亚

身长：2~3米

水牛角龙

水牛角龙生活在约1.455亿年至6550万年前。水牛角类恐龙属于草食性恐龙。它的鼻子上方有一支短而弯曲的角，非常坚硬，是它们击退肉食性恐龙进攻的利器。它们生有颈盾，而颈盾的最上方也长有一对角。在遇到危险时，成年水牛角龙便会团结起来，围成一圈，构成角的屏障来保护幼龙。

恐龙知识档案

分类：蜥脚类　　食性：草食性

生活期间：白垩纪早期

生活区域：澳大利亚

体重：约3000千克
身长：约6米

西母霸龙

西母霸龙生活在1亿年前。第一具西母霸龙的化石于1998年在泰国被发现,这也许是已知最早的霸王龙类恐龙,也是极其凶恶的肉食性恐龙。西母霸龙的前肢并不强壮,那么它们通过什么来猎杀动物呢?原来,牙齿才是它们的终极武器。它们的牙齿锋利无比,可以毫不费力地猎食个头比自己大得多的植食性恐龙。

恐龙知识档案

| 分类：蜥臀目兽脚类 | 食性：肉食性 |

生活期间：白垩纪早期

生活区域：亚洲泰国

体重：约5000千克
身长：约7米

43

啮齿龙

　　啮齿龙生活在约7500万年前，纤细而狭长的颌部长满了锯齿状的小牙齿，十分尖锐，非常适合切割猎物身上的肉。啮齿龙体态轻盈，头很小，大脑却很大，口鼻纤细，颈部灵活，眼睛大而机警，像猫一样。迄今为止，古生物学家还没有找到啮齿龙的完整骨架，只发现了几块骨头和牙齿的化石，还在美国发现了两个恐龙窝。从恐龙窝中人们发现，啮齿龙每次会下两枚蛋，小头朝下的埋在土里。

恐龙知识档案

分类：蜥臀目　　食性：肉食性

生活期间：白垩纪晚期

生活区域：北美洲

身长：2~3.5米

隙 龙

　　隙龙生活在约8000万年前，又叫开角龙，比三角龙小一些。它们的独特之处在于颈部巨大的颈盾色彩艳丽，比三角龙还要夸张，用以吓退敌人或求偶。隙龙身体庞大，皮肤上布满了五角形和六角形的突起。隙龙还有三个角状突起，及两个看似角状的颊部突起，一个角在鼻子上，稍短；眼睛上方的两个角约为50厘米。三个角是用来防御肉食性恐龙进攻的。隙龙由于头盾很薄，内部中空，所以不能靠头盾来防御敌人。头盾中央包含两块大凹陷，有小型的颈盾缘骨突，自头盾边缘延伸出来。

恐龙知识档案

| 分类：鸟臀目角龙科 | 食性：草食性 |

生活期间：白垩纪晚期

生活区域：北美洲

体重：3000～4000千克
身长：约9米

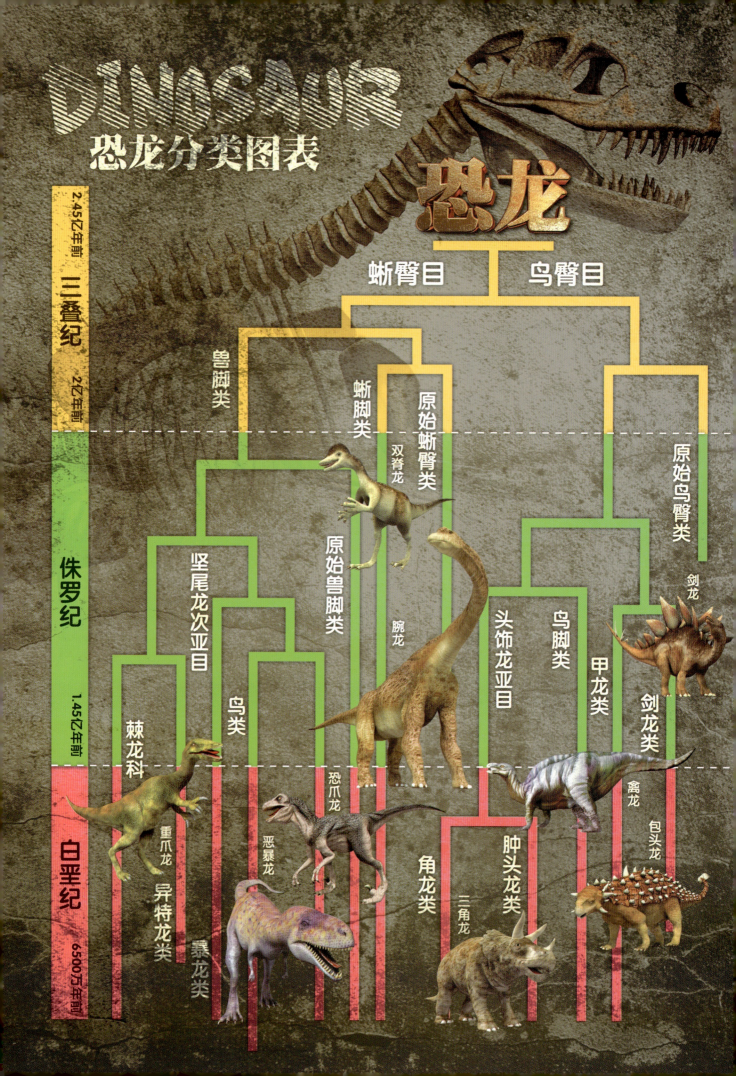